Teorema del Valc

Brandon Smith Martinez Costa

Teorema del Valor Numérico Real de un Polinomio

Introducción y aplicaciones básicas

Editorial Académica Española

Publisher:
Editorial Académica Española
is a trademark of
International Book Market Service Ltd., member of OmniScriptum Publishing Group
17 Meldrum Street, Beau Bassin 71504, Mauritius

Printed at: see last page
ISBN: 978-613-9-46616-0

TEOREMA DEL VALOR NUMÉRICO REAL DE UN POLINOMIO EN FUNCIÓN A LAS DERIVADAS DE ORDEN SUPERIOR

BRANDON SMITH MARTINEZ COSTA

UNIVERSIDAD DE PAMPLONA-COLOMBIA
2019

A Dios porque todo el tiempo es bueno.

A mis padres Adel Martínez y Nirida Costa, gracias por todo su amor y comprensión.

A mis hermanos, en especial a Kleidys Martínez Costa.

"Tu problema puede ser modesto, pero si es un reto a tu curiosidad y trae a juego tus facultades inventivas, y si lo resuelves por tus propios métodos, puedes experimentar la tensión y disfrutar el triunfo del descubrimiento"

George Polya

"Deléitate asimismo en Jehová, y él te concederá las peticiones de tu corazón"
Salmo 37:4

"Nada está vacío en el universo"

Herón de Alejandría

EL AUTOR

Brandon Smith Martínez Costa, actualmente estudiante de Ingeniería Química de la Universidad de Pamplona-Colombia, posee el nombramiento como docente titular adscrito al programa de Matemáticas, facultad de ciencias básicas de la Universidad del Atlántico-Colombia. Ha publicado un artículo enfocado al análisis matemático en la revista MATUA de la Universidad del Atlántico.

PRESENTACIÓN

Este texto surge por la investigación titulada ''Teorema del Valor Numérico Real de un Polinomio en Función a las Derivadas de Orden Superior'' publicada por la revista especializada MATUA de la Universidad del Atlántico.

El objetivo del siguiente texto es ofrecer nuevos conocimientos matemáticos como producto de dicha investigación. Me complace poner a su servicio este documento, como una manera sincera de compartir el conocimiento con la comunidad que siente un llamado especial por el lenguaje matemático. Es importante recordar que, el lector debe encontrarse familiarizado con conceptos sencillos y fundamentales del cálculo diferencial y de la geometría Euclidea.

La temática propuesta se basa en conceptos como la derivada de una función en una variable real. Que de manera general se hace aplicable a la geometría de cuadriláteros, en especial, al perímetro siendo la medida de gran importancia seguida del área. En efecto, las aplicaciones de este trabajo se encuentran dirigidas a figuras y a cuerpos geométricos.

AGRADECIMIENTOS

Principalmente expreso mi gratitud a Dios, por ser mi fortaleza y bendecirme para la realización de este trabajo.

Agradezco profundamente al apoyo incondicional de mis padres, Adel Martínez y Nirida Costa. A mis hermanos Adin y Yeissa, por ayudarme a perseverar desde un principio.

De manera especial agradezco a mi maestro José Alberto Argote Medina, por toda su paciencia, y por inculcarme el maravilloso mundo numérico.

Finalmente, expreso mi sincera gratitud a mi compañero de Ingeniería Química, Andrés Felipe Sierra Álvarez, por ser una fuente de conocimiento filosófica y matemática.

TABLA DE CONTENIDO

CAPITULO 1

INTRODUCCIÓN AL TEOREMA

Una función polinómica es aquella que consta de varios términos algebraicos, estas funciones pueden ser de grado n. En general, expresiones como $p(x) = a_0 + a_1 x + a_2 x^2 + a_3 x^3 + \cdots + a_n x^n$, denotada como una función polinómica de grado n, siendo $a_n \neq 0$. Es importante saber que, en este estudio, las funciones a trabajar son de la forma $y = f(x)$. Por otro lado, el valor numérico de un polinomio es el valor que tiene cuando las variables se sustituyen por ciertos valores, sin embargo, para el valor numérico real de una función, utilizamos el concepto de derivada de orden superior, aplicada para al cálculo y a ejemplo básicos de geometría Si f es derivable, entonces su derivada f' también es una nueva función, que se conoce como una derivada de orden superior.

Definición 1.1. *Si $y = f(x)$ es una función derivable, entonces para $f'(x)$ es también una nueva función, así que $f'(x)$ puede tener una derivada de sí misma, designada por $(f')' = f''$. Esta nueva funcion f'' es conocida como la segunda derivada de $f(x)$.*

$$\frac{d}{dx}\left(\frac{dy}{dx}\right) = \frac{d^2 y}{dx^2} \qquad (1.1)$$

Teorema 1.2. *Sea $y = f(x)$, una función polinómica derivable de grado n, entonces el valor numérico real viene dado por la expresión:*

$$f(x) = \frac{d^n y}{dx^n} \qquad (1.2)$$

Donde: $\frac{d^n y}{dx^n}$ corresponde a la n-th derivada de la función y $f(x)$ corresponde a la función. Por lo tanto, el valor de x de la función pertenece a los reales:

$$\frac{d^n y}{dx^n} = \{x \in \mathbb{R}\}$$

Prueba 1.3. *De nuevo sea $y = f(x)$ una función derivable de grado n, $p: R \to R$ entonces, el valor numérico real viene dado por la expresión:*

$$f(x) = \frac{dy}{dx} = \frac{d^2 y}{dx^2} = \frac{d^3 y}{dx^3} = \frac{d^n y}{dx^n} \qquad (1.3)$$

Luego

$$\frac{d^n y}{dx^n} = Valor\ real\ de\ la\ funcion \qquad (1.4)$$

Ejemplo 1.4. *Para la función polinómica* $p(x) = -2x^4 - 5x^3 + 7x^2 - 9x + 6$ *calcular:*

I.   *El valor real de $p(x)$ usando el teorema 1.2*

II.   *Los valores de x que satisfacen $p(x)$*

Aplicando el teorema (1.2) sabemos que $p(x)$ es una función de 4to grado.

$$p(x) = -2x^4 - 5x^3 + 7x^2 - 9x + 6$$

Entonces

$$p(x) = \frac{d^4 y}{dx^4}$$

Calculando sus derivadas

$$p'(x) = -8x^3 - 15x^2 + 14x - 9$$

$$p''(x) = -24x^2 - 30x + 14$$

$$p'''(x) = -48x - 30$$

$$p''''(x) = -48$$

Por lo tanto, $p''''(x) = -48$ corresponde al valor numérico real de la función.

Ahora, usamos la ecuación (3) para la parte II, correspondiente a la demostración 1.3, con el objetivo de determinar los valores en x de la función polinómica $p''''(x) = -48$

Sabemos que

$$y = p(x) = \frac{dy}{dx} = \frac{d^2 y}{dx^2} = \frac{d^3 y}{dx^3} = \frac{d^4 y}{dx^4}$$

Determinamos los valores en cada derivada mediante la expresión (3)

$$\frac{d^3y}{dx^3} = \frac{d^4y}{dx^4} \qquad (1.5)$$

$$-48x - 30 = -48$$

Al resolver la ecuación (1.5) tenemos

$$-48x + 18 = 0$$

$$x = 0{,}375$$

Comprobando la igualdad (1.5) nos queda:

$$-48(0{,}375) - 30 = -48$$

$$-48 = -48$$

Entonces

$$p'''(x) = -48x - 30$$

$$p'''(0{,}375) = -48(0{,}375) - 30 = -48$$

Para la segunda derivada realizamos el mismo tratamiento:

$$\frac{d^2y}{dx^2} = \frac{d^3y}{dx^3} \qquad (1.6)$$

$$-24x^2 - 30x + 14 = -48$$

Nota 1.5.1 La expresión lineal $-30x$, toma el valor $x = 0{,}375$; ya que es necesaria para determinar el valor de la expresión cuadrática correspondiente al termino $-24x^2$.

Resolviendo la expresión (1.6) tenemos:

$$-24x^2 + 50.75 = 0$$

$$x = \sqrt{\frac{50{,}75}{24}} = 1{,}4541$$

Los valores en sus derivadas son:

5

$$p(2,3165) = -2x^4 - 5x^3 + 7x^2 - 9x + 6$$

$$p'(1,1614) = -8x^3 - 15x^2 + 14x - 9$$

$$p''(1,4541) = -24x^2 - 30x + 14$$

$$p'''(0,375) = -48x - 30$$

$$p''''(x) = -48$$

Finalmente, se toman los valores de x que satisfacen el valor numérico real del polinomio.

$$p(2,31; 1,16; 1,45; 0,375) = -2x^4 - 5x^3 + 7x^2 - 9x + 6 = -48$$

$$p(x) = -2(2.31)^4 - 5(1,16)^3 + 7(1,45)^2 - 9(0,375) + 6 = -47,40$$

$$p(x) \cong -48$$

Nota 1.5.2 Para este ejemplo, no se tomaron todos los decimales pertenecientes a la variable x.

Lemma 1.6. *La razón de cambio* $\frac{dv}{dt}$ [1], *que muestra el nombre de aceleración, denotado como* a, *entonces:*

$$a = \frac{dv}{dt} = \frac{d^2s}{dt^2} \qquad (1.7)$$

Conocemos la expresión (**1.7**) como una aplicación física de las derivadas de orden superior. Sin embargo, esta expresión no conduce al valor numérico real de la función, ya que estas son aplicaciones al movimiento de un cuerpo.

---

[1] Las razones de cambio son aplicaciones generales a la física, es especial, a la cinemática.

CAPITULO 2

APLICACIONES A LA GEOMETRIA PLANA

En el análisis del valor numérico real estudiado, se propone medidas como el perímetro en función del área $P(A)$, para dos figuras planas (cuadrado en este caso y rectángulo en el siguiente capítulo). Por esta razón, el área de una figura se interpreta como una función $y = f(u)$, donde u corresponde a la figura de las unidades cuadradas.

Definición 2.1. *Sabiendo que para un cuadrado de lados Z, entonces, su área viene dada por:*

$$A = Z \times Z = Z^2$$

Teorema 2.2. Para un cuadrado con vértices ABCD, su perímetro en términos del área $P(A)$, viene dado por la expresión:

$$P(A) = \sqrt{\left(\frac{dy}{du}\right) \times 2} + \sqrt{\left(\frac{d^2y}{du^2}\right) \times 2} \qquad (2.1)$$

Entonces, la función área de un cuadrado de lados iguales es

$$f(u) = \frac{dy}{du} = \frac{d^2y}{du^2} \qquad (2.2)$$

Ejemplo 2.3. *Sea un cuadrado regular con 7 cm de lado. Determinar*

I. *El perímetro de acuerdo con su área utilizando el teorema del valor numérico real. (Ver Teorema 1.2)*

Usando la definición (2.1)

$$A = 7^2 = 49 \ cm^2$$

Al interpretar el área como una función del tipo $y = f(u)$, se tiene:

$$f(u) = 49u^2$$

Por el teorema (1.2) determinamos el valor numérico real de la función

$$f(u) = 49u^2$$

$$f'(u) = 98u$$

$$f''(u) = 98$$

Entonces el valor numérico real de la función corresponde a $f''(u) = 98$

Aplicando el teorema (1.2)

$$\frac{d^2y}{du^2} = \frac{dy}{du}$$

$$98 = 98u$$

Por lo tanto

$$u = 1$$

Ahora, aplicando el teorema (2.2) el perímetro es:

$$P(A) = \sqrt{\left(\frac{dy}{du}\right) \times 2} + \sqrt{\left(\frac{d^2y}{du^2}\right) \times 2}$$

$$P(A) = \sqrt{98 \times 2} + \sqrt{98 \times 2}$$

$$P(A) = 28\, u$$

Conclusión 2.4

Como conclusión final se evidencia una determinación exacta del perímetro. Cabe resaltar que, en este capítulo la aplicación de un modelo se centra a la geometría de un cuadrado, tal geometría conocida como $P(A)$. La aplicación del teorema visto anteriormente modela valores exactos a través de una derivada numérica. Esta derivación numérica es propia en figuras de lados congruentes (cuadriláteros), con el objetivo de que la función $P(A)$ sea consistente con el teorema del valor numérico real (TVNR).

CAPITULO 3

ESTIMACION DEL PERIMETRO EN FUNCION AL AREA $P(A)_R$ PARA UN RECTANGULO

Esta sección propone un nuevo teorema para un rectángulo, con el objetivo de determinar su perímetro. Cabe señalar que $P(A)_R$ es un valor exacto, mientras que $P(A)$ es una aproximación del perímetro. Las aplicaciones del valor numérico real son limitadas para estas figuras, no obstante, el emplear algunos modelos como $P(A)$ nos brindan un valor cercano de la figura.

Teorema 3.1. Supongamos un rectángulo ABCD, con base b y altura h. Entonces su perímetro en términos del área $P(A)_R$ se denota como:

$$P(A)_R = \left(\frac{A}{b} \times 2\right) + \left(\frac{A}{h} \times 2\right) \qquad (3.1)$$

Siendo: $P(A)_R \in \mathbb{R}$

Prueba 3.2. *Sabiendo que el área y perímetro para un rectángulo es*

$$A = b \times h \qquad (3.2)$$

$$P = 2b + 2h \qquad (3.3)$$

Despejando b y h de la expresión (3.2)

$$b = \frac{A}{h} \quad (3.4) \; ; \quad h = \frac{A}{b} \quad (3.5)$$

Ahora, sustituyendo (3.4) y (3.5) en la expresión (3.3) nos resulta:

$$P(A)_R = \left(\frac{A}{b} \times 2\right) + \left(\frac{A}{h} \times 2\right)$$

Ejemplo 3.3. *Para un rectángulo de 5 cm base, y una altura de 7 cm. Determinar lo siguiente:*

    I.   Perímetro en función área $P(A)_R$

    II.   El valor numérico real de la función área.

    III.   Una estimación del perímetro mediante el teorema 2.2

Solución 3.3

I. Pasta este punto, se sabe por definición que el área de un rectángulo está dada por:

$$A = b \times h$$

Entonces

$$A = 5 \times 7 = 35cm^2$$

Aplicando el teorema 3.1

$$P(A)_R = \left(\frac{35cm^2}{5cm} \times 2\right) + \left(\frac{35cm^2}{7cm} \times 2\right)$$

$$P(A)_R = 24 \; cm$$

II. Ahora, interpretando el área del cuadrado como una función y derivando se tiene

$$f(u) = 35u^2$$

$$f'(u) = 70u$$

$$f''(u) = 70$$

Luego el valor numérico real de la función es $f''(u) = 70$

III. Realizamos el teorema del valor numérico real *(ver Teorema* 1.2*)*. Este perímetro es una aproximación a la exacta.

$$P(A) = \sqrt{\left(\frac{dy}{du}\right) \times 2} + \sqrt{\left(\frac{d^2y}{du^2}\right) \times 2}$$

$$P(A) \cong \sqrt{70 \times 2} + \sqrt{70 \times 2}$$

$$P(A) \cong 23{,}66 \; u$$

Analizando un error porcentual de los perímetros de la figura, se tiene:

$$\%E = \frac{Perimetro\ real - Perimetro\ aproximado}{Perimetro\ real} \times 100$$

$$\%E = \frac{24 - 23{,}66}{24} \times 100 = 1{,}41\%$$

Conclusión 3.4

Un cuadrado y rectángulo son cuadriláteros diferentes, esto es, en cuanto a sus medidas y forma en el espacio. Realizamos esta conclusión para aclarar que un modelo es aplicado a dos figuras variables, teniendo en cuanta su perímetro en términos del área $P(A)$, el cual es funcional en ambas figuras para la determinación de esta medida (perímetro).

Nota 3.5

No debe confundirse $P(A)_R$ (rectángulo) con $P(A)$ (cuadrado regular) ya que ambas determinan perímetro para figuras diferentes.

CAPITULO 4

COMBINATORIA DE CUADRADOS

En esta sección estudiaremos las variables de un cuadrado mediante combinatorias y su relación con el teorema del valor numérico real. El propósito de esta sección es determinar las medidas de un cuadrado ABCD teniendo en cuenta otro cuadrado de vértices XYZT. Las combinatorias de cuadrados son útiles en todo cuadrado ABCD de lados congruentes.

Definición 4.1 *Un cuadrado ABCD es una figura de lados congruentes definida en un espacio euclídeo[2] E^n, donde n hace referencia al número de dimensiones.*

Teorema 4.2 *Sean las figuras F(ABCD) y G(XYZT) de lados congruentes definidas en un espacio E^3, entonces, existe una igualdad entre las variables.*

$$\therefore L_1\sqrt{A_2} = L_2\sqrt{A_1} \qquad (4.1)$$

Donde las variables:

- L_1 es el lado de F con su respectiva área A_1
- L_2 es el lado de G con su respectiva área A_2

Prueba 4.3 De la expresión (4.1) podemos analizar la igualdad desde un lado, en este caso, tomaremos a manera de ejemplo $L_2 \in \mathbb{N}$.

Despejando L_2 de la expresión (4.1)

$$L_2 = \frac{L_1\sqrt{A_2}}{\sqrt{A_1}} \qquad (4.2)$$

Luego

$$L_2 = \frac{L_1 A_2}{A_1} \qquad Sabiendo\ que\ L \in \mathbb{N}$$

$$L_2 = \frac{L_1 A_2}{A_1} = unidad$$

---

[2] Euclides (330 a.C-275 a.C), matemático griego.

Ejemplo 4.4 *Una casa consta de dos ventanas. Una de las ventanas (F) presenta vértices ABCD cuya área esta denotada por la función $f(u) = 36\,u^2$. El área de la segunda ventana (G) con vértices XYZT, está expresado mediante la primera derivada de la función $f'(u) = 50\,u$. Determinar el lado (L_2) de la ventana G, en términos de la ventana F.*

Definimos las variables para cada ventana

- Ventana F con vértices ABCD

Por el teorema del valor numérico real podemos afirmar que $f(u) = 36\,u^2$

Luego

$$L_1 = \sqrt{36} = 6\,u$$

- Ventana G con vértices XYZT

Integramos la primera derivada $f'(u) = 50\,u$ para recuperar el área de la ventana G, recordado la integral inmediata se tiene:

$$\int u^n\, du = \frac{u^{n+1}}{n+1} + C \quad si\ n \neq -1 \quad (4.3)$$

Por lo tanto

$$\int 50\,u\,du = \frac{50\,u^2}{2} = 25\,u^2 + C \quad (4.4)$$

Así que $A_2 = 25\,u^2$, donde u^2 equivalen a unidades cuadradas.

Ahora, aplicando el teorema (4.2) para determinar el lado en de G en términos de F, empleamos la expresión (4.2)

$$L_2 = \frac{L_1 \sqrt{A_2}}{\sqrt{A_1}}$$

Entonces

$$L_2 = \frac{6u\sqrt{25\,u^2}}{\sqrt{36\,u^2}}$$

$$L_2 = 5\,u$$

Ejemplo 4.5 *Teniendo en cuenta el ejemplo* (4.4) *determinar el perímetro de cada ventana utilizando el teorema* (2.2)

Recordando que:

$$P(A) = \sqrt{\left(\frac{dy}{du}\right) \times 2} + \sqrt{\left(\frac{d^2y}{du^2}\right) \times 2}$$

- Para el cuadrado ABCD el área está definida como $f(u) = 36\,u^2$ y aplicando el teorema (1.2) tenemos:

$$y = f(u) = 36\,u^2$$

$$\frac{dy}{du} = 72\,u$$

$$\frac{d^2y}{du^2} = 72$$

Luego el perímetro para la ventana F con vértices ABCD, nos quedaría:

$$P(A) = \sqrt{(72 \times 2)} + \sqrt{(72 \times 2)} = 24\,u$$

- Para la ventana con vértices XYZT, se tiene que la función área está dada por la expresión (7.4)

  Definimos la función área de la forma $f(u) = 25\,u^2$ y obtenemos su segunda derivada.

$$\frac{dy}{du} = 50\,u$$

$$\frac{d^2y}{du^2} = 50$$

Finalmente determinamos el perímetro de la ventana

$$P(A) = 20\,u$$

Observación 4.6

El ejemplo (4.4) es una combinatoria de cuadrados, así que, para calcular una variable de una figura en términos de otra recurrimos "siempre" a esta igualdad; a menos que exista otro método diferente al propuesto *(Ver teorema 4.2)*. En este caso se presentaron dos cuadrados para la combinatoria, sin embargo, al realizar el mismo tratamiento para tres figuras por medio de la misma igualdad requiere de mayor esfuerzo.

CAPITULO 5

ALGUNAS APLICACIONES SENCILLAS PARA CUERPOS GEOMÉTRICOS

Las aplicaciones más comunes de combinatorias se pueden plasmar en poliedros regulares, en especial, en un solo tipo de estos cuerpos. En esta sección, estudiaremos las combinatorias en un hexaedro regular y la determinación de las variables mediante funciones derivables del tipo $y = f(x)$.

Para un hexaedro[3] regular o cubo, es necesario saber que tendremos en cuenta algunos elementos como: arista, cara y vértices. Al ser nombrados uno de estos elementos facilitara la compresión a un problema con cuerpos geométricos. También resaltaremos las diferencias entre un cuerpo geométrico y un hexaedro regular.

Definición 5.1 *Llamaremos cuerpo geométrico a un sólido definido en un espacio geométrico. Donde X, Y, Z corresponden a las dimensiones del cuerpo.*

Definición 5.1.1 *Llamaremos hexaedro al cuerpo geométrico cuyas caras están formas por cuadriláteros en todas sus dimensiones.*

5.2 Hexaedro regular y el teorema de Euler de poliedros

En la definición 5.1.1 damos a entender el concepto fundamental de un hexaedro regular. En la siguiente figura, se observa un esquema de esta definición.

Fig.1. Hexaedro regular en un espacio geométrico

Teniendo en cuenta la Fig.1. analizaremos algunos de los elementos de interés para su estudio. Cabe resaltar, que los elementos del cuerpo son necesarios para la combinatoria de cuadrados.

---

[3] Poliedro de seis caras iguales.

5.2.1 Elementos fundamentales

Para el hexaedro definiremos algunos conceptos de elementos, los cuales, son propios del cuerpo para su análisis.

- *Cara: Corresponde a los paralelogramos (cuadriláteros) que se ubican en cada dirección del sólido. En este caso, las caras ubican en la parte superior, inferior, lateral y posterior.*
- *Vértice: Punto en el que existe coincidencia entre los lados de un polígono. Por ejemplo, tres caras tienen un punto llamado vértice del hexaedro.*
- *Arista: Referente al lado de las caras.*

5.2.2 Teorema de Euler para poliedros (Introducción)

Para todo poliedro el teorema de Euler[4] es utilizado para determinar el número de caras, vértices, aristas en un poliedro. En este caso nuestro poliedro a analizar será un hexaedro, el cual, se emplea como base fundamental para el estudio de esta sección.

Definición 5.2.3 *Para todo poliedro regular definido en un espacio geométrico, se tiene que la relación entre sus caras, vértices y aristas esta expresado por la igualdad matemática de la forma:*

$$C + V = A + 2 \qquad (5.1)$$

Donde:

C corresponde a las caras, V al número de vértices y finalmente las aristas A

Ejemplo 5.2.4 *Mediante el teorema de poliedros de Euler, determinar el número de aristas de la siguiente figura conociendo el número de caras y vértices.*

Fig.2. Cubo o hexaedro regular

---

[4] Leonhard Euler (1707-1783), matemático y físico suizo.

Luego para un cubo se tiene que:

$C = 6 \; ; \; V = 8$

Mediante la definición 5.2.3 se tiene:

$A = C + V - 2$

$A = 6 + 8 - 2 = 12$

NOTA: Recordar que la expresión (5.1) aplica para cualquier poliedro regular

5.3 Aplicación de una combinatoria: En esta parte analizaremos algunos ejemplos claros con la expresión:

$$L_1\sqrt{A_2} = L_2\sqrt{A_1} \qquad (5.2)$$

Tal que $L_1\sqrt{A_2} \in \mathbb{N}$ para todo poliedro.

EJEMPLO 5.3.1 *Un cubo (A) presenta una arista de 4cm con área desconocida, mientras que otro cubo (B) tiene un área total de 294 cm^2. Hallar el área frontal de A en función al cubo B.*

La incógnita principal seria $\sqrt{A_1} = ?$

Así que, comenzaremos por las variables del cubo B

$A_{total} = 294 \; cm^2$

Luego

$$A_{total} = 6a^2 \qquad (5.3)$$

$a = \sqrt{\dfrac{294}{6}} = 7 \; cm$

Determinando el área de una cara para B

$A_2 = a \times a = 49 \; cm^2$

Aplicando la ecuación combinada se tiene que:

$$\sqrt{A_1} = \frac{L_1\sqrt{A_2}}{L_2}$$

$$\sqrt{A_1} = \frac{4\sqrt{49}}{7} = 4\ cm$$

Mediante la operación $\sqrt{A_1}$ se obtiene el área del cubo

$$A_1 = 16\ cm^2$$

NOTA: En este caso se realizó la combinatoria para determinar el área de ''una cara'', sin embargo, puede aplicarse para determinar el área de dos o más caras en este tipo de poliedros.

El área de un cubo regular es equivalente en todos sus lados de la forma

$$A_1 = A_2 = A_3 = A_4 = A_5 = A_6 \qquad (5.4)$$

$$A_{cara} = a^2$$

Como sumatorio de las áreas

$$\sum_{i=1}^{n=6} A_i = A_1 + A_2 + A_3 + A_4 + A_5 + A_6 = A_{total} \qquad (5.5)$$

Sustituyendo (5.3) en (5.5) es el área total:

$$a^2 + a^2 + a^2 + a^2 + a^2 + a^2 = A_{total} \qquad (5.6)$$

EJEMPLO 5.3.2 *Teniendo en cuenta el ejemplo 5.3.1 hallar el área ocupado por tres caras del cubo B, sabiendo que el área total de A equivale* $96\ cm^2$

Iniciamos por el cubo A

$$96cm^2 = 6a^2 \quad \therefore \quad a = 4\ cm$$

Luego el área ocupada por 3 caras en el cubo A seria

$$\sum_{i=1}^{n=3} A_i = 4^2 + 4^2 + 4^2 = 48\ cm^2$$

Para el cubo B

$a = 7\ cm$ sabiendo que son tres caras, tenemos como fórmula principal:

$$L_1\sqrt{A_2} = L_2\sqrt{A_1}$$

Ahora

$$\sqrt{A_2} = \frac{L_2\sqrt{A_1}}{L_1}$$

$$\sqrt{A_2} = \frac{7\sqrt{48}}{4} = 7\sqrt{3}\,cm$$

$$A_2 = 147cm^2$$

Finalmente el área ocupada por tres caras del cubo B corresponde a $147cm^2$. Este análisis es efectuado mediante la combinatoria de cuadrados, no obstante, el área de esta puede desarrollarse independientemente. Empleamos estas ecuaciones de combinadas como un análisis particular para el desarrollo de estos problemas, esta es una manera de comprobar que existen algunas otras maneras de abordar un problema con solución idéntica.

5.4 Sobre el valor numérico real a un hexaedro

Las funciones de la forma $y = f(x)$ son aplicables a la geometría de un cubo regular, siempre y cuando sean funciones polinómicas de grado n. En esta parte veremos unos ejemplos sencillos, los cuales son aplicados a este tipo de sólidos. Por otra parte, es importante señalar que, el valor numérico real es especial para este tipo de poliedros, sobre todo, para la determinación de variables como área y perímetro.

Teorema 5.5 (Doble integral indefinida del área) *Sea* $f(u) = \dfrac{d^2y}{du^2}$ *el valor numérico para todo cuadrado, entonces, su área como función es la doble integral indefinida*

$$y = \iint f(u)\,du\,du$$

$$A = \iint \frac{d^2y}{du^2}\,du\,du \qquad (5.7)$$

Siendo

$$\frac{d^2y}{du^2} \in \mathbb{N} \ \textit{Para todo cuadrado regular}$$

Prueba 5.6 La función k como constante con doble diferencial (en una variable), puede ser trasformada en un área mediante la expresión

$$\iint k \, dxdx = \int \left(k \int dx \right) dx$$

Resolviendo la integral de una constante

$$\int \left(k \int dx \right) dx = \int (kx) dx$$

$$\blacksquare \ \frac{k}{2} x^2 + C_1 + C_2$$

Numéricamente

$$\frac{k}{2} x^2 = Area$$

NOTA Tener en cuenta que la integral $\iint k \, dxdx$ está definida en una variable real del tipo $y = f(x)$ indefinida. Estas no deben confundirse con la integral múltiple $\int_c^d \int_a^b f(x,y) dxdy$ aplicada a funciones de más de una variable.

Ejemplo 5.6.1 *El valor numérico real para tres caras de un cubo Rubik viene dado por la función* $f(u) = 384.$ *A partir de la información dada, hallar:*

I. *El área de las caras mediante la doble integral indefinida. (Ver teorema 5.5)*
II. *El perímetro en función al área para las tres caras*

Para dar solución a los dos puntos, es necesario aprender los temas anteriores que son como base para el desarrollo de este ejemplo.

I. El área de las tres caras puede verse expresado como

$$A = 3a^2$$

Por lo tanto, el valor numérico real para un cuadrado puede escribirse de la forma

$$\frac{d^2y}{du^2} = 384$$

Por medio del teorema 5.5

$$A = \iint \frac{d^2y}{du^2}\,du\,du$$

$$A = \iint 384\,du\,du \qquad (5.7a)$$

La expresión (8.7) se conoce como la doble integral indefinida del área. Esta doble integral, denota el área en una variable real para los cuadrados. Resolviendo (8.7)

$$A = \iint 384\,du\,du$$

$$A = \int \left[\int 384\,du\right] du$$

$$A = \int [384\,u]\,du = \int 384\,u\,du$$

$$A = \frac{384u^2}{2} = 192\,u^2 + C_1 + C_2$$

Así que

$$A = \iint 384\,du\,du = 192\,u^2 + C_1 + C_2$$

Interpretando el área como una función en una variable real, se tiene

$$y = f(u) = 192\,u^2 \quad \textit{para tres caras}$$

II. En este punto nos piden saber $P(A)$ para las tres caras. Con base al teorema (2.2) sabemos que

$$P(A) = \sqrt{\left(\frac{dy}{du}\right) \times 2} + \sqrt{\left(\frac{d^2y}{du^2}\right) \times 2}$$

Determinando la arista para una cara

22

$$192 = 3a^2$$

$$a^2 = \frac{192}{3} \quad \therefore \quad a = \sqrt{64} = 8u$$

Escribiendo área como función

$$A = 8^2 = 64$$

$$y = f(u) = 64u^2$$

Derivando $f(u)$

$$f(u) = 64u^2$$

$$f'(u) = 128u$$

$$f''(u) = 128$$

Finalmente, el perímetro para tres caras viene dado por

$$P(A) = 3\left[\sqrt{\left(\frac{dy}{du}\right) \times 2} + \sqrt{\left(\frac{d^2y}{du^2}\right) \times 2}\right]$$

$$P(A) = 3\left[\sqrt{(128) \times 2} + \sqrt{(128) \times 2}\right]$$

$$P(A) = 96u$$

Lemma 5.7 *La expresión 5 (Ver teorema 2.2) puede expresarse en ausencia de la función $y = f(x)$ siendo $P(A) \in \mathbb{R}$ del tipo*

$$P(A) = 2L + \sqrt{4A} \qquad (5.8)$$

Tal que

$$s_p(L) = 2L \qquad (5.8a)$$

$$s_p(A) = \sqrt{4A} \qquad (5.8b)$$

Por lo tanto, las expresiones $s_p(L)$ y $s_p(A)$ corresponden a los semiperímetros de la figura, en términos del lado L y del área A.

Ejemplo 5.7.1 *Se encontró que el semiperímetro de un terreno cuadrado es de 17 m. ¿Cuál será el área del terreno y su $P(A)$?*

Por medio de la expresión $(5.8a)$

$17 = 2L$

$L = 8,5 \, m$

Luego

$A = (8,5 \, m)^2 = 72,25 \, m^2$

A través de la expresión (5.8) se determina la medida de sus lados

$P(A) = (2 \times 8,5) + \sqrt{4 \times 72,25}$

$P(A) = 17 + 17$

$P(A) = 34 \, m$

Observación 5.8

Al igual que el teorema del valor numérico real (TVNR), los semiperímetros son idénticos entre sí para esta expresión. Viéndolo de la siguiente manera, se puede aclarar la igualdad:

$$S_p(L) = S_p(A) \qquad (5.8c)$$

CAPITULO 6

SOBRE UN CASO PARTICULAR DEL HEXAEDRO A(V)

En este capítulo estudiaremos una función particular aplicada al cubo o bien sea a un hexaedro regular. Esta nueva función es conocida como el área en términos del volumen $A(V)$, que de manera general se expresara hasta la tercera derivada, por medio de la expresión general $y = f(u)$. En el capítulo 2 *(Aplicaciones a la geometría plana)* examinábamos la función $P(A)$, la cual es aplicable al dominio de todos los reales[5] para la determinación del perímetro. En este caso, la función $A(V)$ presenta algunas condiciones muy diferenciables con respecto a $P(A)$, esta condición, es lo que le llamaremos un caso particular del hexaedro.

Condición 6.1 *Para un hexaedro regular definido en un espacio geométrico, entonces $\exists\, u : f(u)$ existe por lo menos un término u, tal que $f(u)$ sea verdadera.*

Teorema 6.2 *Teniendo en cuenta la condición 6.1 de la existencia de un/os término u, entonces, para un hexaedro regular la función $A(V)$ tendría la forma*

$$A(V) = \sqrt{\left(\frac{dy}{du}\right) \times 2} + \sqrt{\left(\frac{d^2y}{du^2}\right) \times 2} + \sqrt{\left(\frac{d^3y}{du^3}\right) \times 2} \quad (6.1)$$

Tal que

$$A(V) \in \mathbb{N}$$

Ahora, el valor de $u \in X, Y, Z$ siendo las dimensiones del cuerpo. De manera más sencilla, $u = a$ tal que a, corresponde a la arista del cuerpo en todas sus dimensiones.

Condición 6.1.2 *De acuerdo a la condición 6.1 establecemos los valores de a. Para los cuales $A(V)$ existe en los naturales.*

$$A(V) \in \mathbb{N} \leftrightarrow a = 3 \quad (6.2)$$

Para comprensión del teorema (6.2) es necesario que estas condiciones se cumplan. Si no se cumplen, quiere decir que el valor de $a \neq 3$ y no satisface la función $A(V)$.

---

[5] Los valores numéricos del TVNR están comprendidos para los reales $\mathbb{R}$. Sin embargo, para $A(V)$ son cantidades positivas o pertenecientes a los naturales $\mathbb{N}$.

Ahora, definiremos la función volumen en derivadas de orden superior, caso similar a la ecuación (5.1)

Entonces, el área de un hexaedro en términos de su volumen $A(V)$ se puede denotar como

$$y = f(u) = \frac{dy}{du} = \frac{d^2y}{du^2} = \frac{d^3y}{du^3} \qquad (6.3)$$

Así que, la expresión (6.3) corresponde a la función área en términos del volumen. Por otro lado, esta es una aplicación del teorema del valor numérico real (TVNR) aplicada a un poliedro en específico.

Ejemplo 6.3 *Un dado tiene presenta una longitud en sus aristas de* $a = \sqrt{81} - 6$ *cm. Sabiendo el valor de la arista, determinar el área de este respecto a su volumen.*

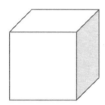

Fig.3. Dado expuesto en el problema

Solución 6.3

En este caso se busca aplicar la expresión matemática (6.1), para determinar el valor de $A(V)$. Para ello, es necesario conocer el área total del dado mediante la expresión:

$$A_T = 6a^2 \qquad (6.4)$$

Por lo tanto, sabemos que, de acuerdo a la condición (6.1.2) la arista debe ser $a = 3$ para que $A(V)$ exista en los reales.

$a = \sqrt{81} - 6 = 3\ cm$

Luego su área seria

$A_T = 6(3)^2 = 54\ cm^2$

El área total representa todo el cuerpo. Así que, por cada cara tendremos un área de $54\ cm^2$. Ahora, determinando el volumen se tenemos

$$V = a^3 \qquad (6.5)$$

$$V = 3^3 = 27 \ cm^2$$

Teniendo el área y el volumen del hexaedro, entonces, procedemos a la determinación de la función $y = f(u)$. Interpretando el volumen como una función $f(u)$ tenemos

$$y = f(u) = 27u^3$$

Por medio del TVNR se sabe que

$$f(u) = \frac{d^3y}{du^3}$$

Luego

$$y = f(u) = 27u^3$$

$$\frac{dy}{du} = 81u^2$$

$$\frac{d^2y}{du^2} = 162u$$

$$\frac{d^3y}{du^3} = 162$$

$$f(u) = \frac{d^3y}{du^3} = 162 \qquad (6.6)$$

En efecto, el valor numérico real corresponde 168, encontrado en la tercera derivada de la función. Ahora, podemos determinar los valores en u que satisfacen la particularidad de $A(V)$ mediante

$$\frac{d^3y}{du^3} = \frac{d^2y}{du^2} \qquad (6.7)$$

Ahora, por medio de la igualación de las derivadas obtenemos el primer valor existente de u. Sustituyendo en (6.7)

$$162 = 162u$$

Despejando u y sustituyendo

$$u = \frac{162}{162} = 1$$

$$162 = 162(1)$$

Para las derivadas restantes, tenemos

$$\frac{d^2y}{du^2} = \frac{dy}{du}$$

$$162 = 81u^2$$

$$u^2 = \frac{162}{81} = 2$$

$$u = \sqrt{2}$$

Sabiendo que, $\frac{dy}{du}$ presenta una igualdad en todas sus derivadas de acuerdo al TVNR, se puede decir

$$\frac{dy}{du} = 81u^2$$

$$\frac{dy}{du} = 81\left(\sqrt{2}\right)^2 = 162$$

$$\frac{dy}{du} = \frac{d^2y}{du^2} = 162$$

Finalmente, determinamos el valor correspondiente a la función $y = f(u)$.

$$y = f(u) = \frac{dy}{du}$$

$$27u^3 = 81u^2$$

$$27u^3 = 81\left(\sqrt{2}\right)^2$$

$$27u^3 = 168$$

$$u^3 = \frac{162}{27} = 6$$

■ $u = \sqrt[3]{6} = 1{,}8171$

Por lo tanto, interpretando la función del volumen en una variable real llegamos a la expresión (6.3). Esta expresión denota una igualdad alrededor de todas las derivadas de orden superior. Sin embargo, este tratamiento es común en cualquier aplicación del TVNR.

$$V = y = f(u) = 27u^3$$

$$f(u) = 27(1{,}8392)^3 = 161{,}99 \cong 162$$

De acuerdo al teorema (6.2) podemos hallar el $A(V)$ por medio de la expresión

$$A(V) = \sqrt{\left(\frac{dy}{du}\right) \times 2} + \sqrt{\left(\frac{d^2y}{du^2}\right) \times 2} + \sqrt{\left(\frac{d^3y}{du^3}\right) \times 2}$$

Como el valor numérico real corresponde a 162 unidades (6.6), la sustitución en $A(V)$ seria directa, sabiendo que cada u satisface la función $f(u) = \frac{d^3y}{du^3}$

$$A(V) = \sqrt{(162) \times 2} + \sqrt{(162) \times 2} + \sqrt{(162) \times 2}$$

$$A(V) = 54\, u^2 \qquad (6.8)$$

La expresión (6.4) tratada anteriormente, representa el área del dado expuesto en problema. No obstante, esta es equivalente a la respuesta (6.8), que matemáticamente es una representación del área de acuerdo al teorema del valor numérico real.

6.4 EL FACTOR DE LA ARISTA EN UN HEXAEDRO REGULAR

En la condición (6.1) se explicaba que existía un único valor de u para la función $A(V)$ de un hexaedro regular. El teorema (6.2) representa un caso particular en el cubo, es decir, dicho modelo se ajusta a ciertos parámetros numéricos invariantes dependiendo el valor que tome la arista del sólido. En esta sección se propone un factor k, conocido como el factor de la arista. El factor de la arista es un nuevo parámetro dependiente de la función $A(V)$. Cabe recordar que el valor numérico de las caras de un cuerpo es variante en la familia de los naturales, esto quiere decir que, la arista a puede ser mayor a tres. En el principio del capítulo se buscó comprobar la existencia de u, donde la expresión (6.2) daba a conocer el valor de su arista. El factor k permite que el teorema (6.2) no sea un caso particular del hexaedro, es decir, que la expresión no se limite a únicos valores donde $a = 3u$. Aunque sin la intervención de k la función $A(V)$ seguiría limitándose a un único valor de la arista como se señaló en la expresión (6.2).

Luego el factor de la arista presenta la forma

$$k = 2n \qquad (6.9)$$

De manera general, es claro concluir que k es par para todos los naturales. Por lo tanto

$$k = 2n/n \in \mathbb{N}$$

Tal que $n > 0$ para un hexaedro regular. La expresión (6.9) solo muestra la estructura matemática de k. Por lo tanto, esto no quiere decir que el factor de la arista se encuentre realmente definido como se señala en la ecuación (6.9). El valor de la arista a para un hexaedro regular es una cantidad múltiplo de 3, esto quiere decir, que el factor de la arista se encontrara para todos los naturales ($\mathbb{N}$). El factor k se define como

$$k = c - b \qquad (6.10)$$

Siendo c el producto y b un factor multiplicando como se expresa en la ecuación (6.10)

Multiplicador [a]	Multiplicando [b]	Producto [c]
3	1	3
3	2	6
3	3	9
3	4	12
3	5	15
3	6	18
3	7	21
3	8	24
3	9	27
3	10	30
3	11	33

Tabla. 1. Principales múltiplos de 3 para la arista a

En la tabla 1 se señalan los valores que toma la arista a como producto. Estos productos pueden ser 3,6,9,12, etc. de acuerdo a la tabla 1. De manera sencilla, si $a = 12$ entonces, es el resultado de 3×4 y no de 4×3.[6]

Ejemplo 6.4.1 *La arista de un cubo regular mide 12 unidades. Por medio de la tabla 1, hallar el factor de la arista del sólido.*

Solución 6.4.1

Esta es una manera de probar la propiedad conmutativa respecto al valor de k. Para ello, utilizaremos la ecuación (6.10).

$$a = 12\, u$$

Luego una multiplicación se expresa como

$$a \times b = c$$

$$3 \times 4 = 12$$

Por lo tanto, el factor de la arista viene dado por

$$k = 12 - 4 = 8 \qquad (6.11)$$

Como $a \times b = c$ entonces, probaremos el caso contrario del producto de la forma

$$b \times a = c$$

$$4 \times 3 = 12$$

$$k = 12 - 3 = 9 \qquad (6.11a)$$

Finalmente se presentan los valores del factor de la arista (6.11) y (6.11a). Sin embargo, solo existe un k que satisface la función $A(V)$. Por lo tanto, la ecuación (6.11a) determina un factor erróneo para saber el área del solido respecto a su volumen, no obstante, es recomendable seguir la ecuación (6.10) para todos los casos.

---

[6] La propiedad conmutativa $a \times b = b \times a$ afecta el factor k. Es decir, el factor de la arista es anti conmutativo, por lo cual, su multiplicador debe ser 3.

Observación 6.4.2

El orden de los factores no altera el producto, es decir, la arista o el lado del sólido. Sin embargo, se puede ver afectado el factor de la arista, lo cual no satisface la función del área en el volumen $A(V)$.

Influencia de k en A(V)

El factor de la arista k, permite que la función $y = f(u)$ sea un área exacta. Está función es conocida como el $A(V)$ que a su vez es dependiente del factor de la arista, es este caso, analizaremos la consistencia numérica del ejemplo (6.4.1) en función a la ecuación (6.1). No obstante, la expresión (6.1) resulta ser una modificación en términos de k

$$y = f(u) = \sqrt{\left(\frac{dy}{du}\right) \times k} + \sqrt{\left(\frac{d^2y}{du^2}\right) \times k} + \sqrt{\left(\frac{d^3y}{du^3}\right) \times k} \qquad (6.12)$$

De tal forma la ecuación (6.12) representa el área del cuerpo en función a su volumen, sin embargo, es una función que representa variaciones numéricas del parámetro k; que por lo general, este parámetro siempre será una cantidad par para satisfacer el modelo propuesto. A continuación, se propone un ejemplo del factor de la arista en hexaedro, con el objetivo de analizar el comportamiento de k.

Ejemplo 6.4.3 *Con base al ejemplo 6.4.1 determinar:*

a) El área de un hexaedro respecto a su volumen con una arista de 12 unidades.
b) Verificar la consistencia del modelo con $k = c - a$

Solución 6.4.3

a) En primer lugar, debe conocerse el factor de la arista del cuerpo. Para ello, nos fijaremos en el ejemplo 6.4.1 donde se presenta un factor k definido.

Si $a = 12$

entonces se sabe que

$$k = 12 - 4 = 8$$

Determinaremos el área total del cuerpo por la formula general (6.4). Esta área se utilizará como una forma de verificar el valor real de nuestra función $y = f(u)$

$$A_T = 6a^2$$

$$A_T = 6(12)^2 = 864\, u^2 \qquad (6.13)$$

Obteniendo el volumen del cuerpo mediante la expresión (6.5), se tiene

$$V = 12 \times 12 \times 12 = 1728\, u^3 \qquad (6.14)$$

Interpretando (6.14) como una función del volumen de la forma $y = f(u)$, determinamos su valor numérico real.

$$f(u) = 1728\, u^3$$

Por lo tanto, derivando la función del volumen mediante notaciones de Lagrange[7]

$$f'(u) = 5184\, u^2$$

$$f''(u) = 10368\, u$$

$$f'''(u) = 10368$$

Siendo 10368 el valor numérico real. Teniendo en cuenta $A(V)$ y el factor de la arista k, determinamos el área del cuerpo.

$$A(V) = \sqrt{(10368) \times 8} + \sqrt{(10368) \times 8} + \sqrt{(10368) \times 8}$$

$$A(V) = 864\, u^2$$

Finalmente, el área total del hexaedro es determinada con el modelo (6.12). No obstante, este modelo es dependiente del factor de la arista para determinar el área total del cuerpo.

  b) En este inciso se busca probar la propiedad conmutativa con respecto al factor k. De acuerdo a la forma

---

[7] Joseph Louis Lagrange (1736-1813), matemático italiano. Harris, Benjamin. 2007. "Lagrange: A Well-Behaved Function." *The Montana Mathematics Enthusiast*.

$$b \times a = c \quad \rightarrow \quad k = c - a \qquad (6.15)$$

Tomando como base la expresión $(6.11a)$ y sustituyendo en (6.12)

$$k = 12 - 3 = 9$$

$$A(V) = \sqrt{(10368) \times 9} + \sqrt{(10368) \times 9} + \sqrt{(10368) \times 9}$$

$$A(V) = 916{,}41 \, u^2$$

En efecto, el área del hexaedro con un $k = 9$ es errónea en su totalidad. Esto quiere decir que los factores de la multiplicación afectan el factor de la arista, sin embargo, es notorio que al tomar el factor de la forma $k = c - a$ entonces $k = 2n + 1/n \in \mathbb{N}$, es decir, una cantidad impar. La propiedad conmutativa aclara que el orden de los factores no altera el producto. Por lo tanto, el nuevo parámetro propuesto se ve afectado para ofrecer una veracidad numérica al modelo $A(V)$.

Teorema 6.5 (Triple integral indefinida del volumen) *Sea* $f(u) = \dfrac{d^3 y}{du^3}$ *el valor numérico para todo hexaedro regular, entonces, su volumen como función es la triple integral indefinida en una variable real.*

$$y = \iiint f(u) \, dudadu$$

$$V = \iiint \frac{d^3 y}{du^3} \, dudadu \qquad (6.16)$$

Siendo

$$\frac{d^3 y}{du^3} \in \mathbb{N} \text{ Para todo hexaedro regular}$$

El teorema (6.5) es aplicado a funciones en una variable real. Cabe resaltar que este tipo de función integrable abarca un solo tipo de variable $f(du)$. No obstante, la integral iterada del volumen que conocemos está limitada en diferentes variables reales, con el objetivo de encontrar el volumen dependiendo las coordenadas manejadas. En este caso, se busca recuperar la función primitiva correspondiente al volumen del cuerpo, por lo cual es fundamental emplear la operación opuesta al teorema del valor numérico real. La expresión $(6.16a)$ es una aclaración de los diferentes tipos de funciones integrables, donde se pueden notar dichas diferencias entre ambas.

$$\int_a^b \int_c^d \int_e^f f\,(x,y,z)dxdydz \neq \iiint f\,(u)\,dududu \qquad (6.16a)$$

Ejemplo 6.5.1 *Un hexaedro regular presento un valor numérico real* $\frac{d^3y}{du^3} = 355914.$
A partir de la información suministrada obtener:

   a) La función volumen del cuerpo
   b) El área total del cuerpo mediante la expresión (6.4) y (6.12)

Solución 6.5.1

   a) Para la primera parte del problema debemos encontrar el volumen total del cuerpo. Para ello, es recomendable aplicar el teorema (6.5) para recuperar la función original. Aplicando el teorema propuesto tenemos

$$V = \iiint \frac{d^3y}{du^3}\,dududu$$

Por lo tanto

$$\iint \left(\int 355914\,du \right) dudu$$

Resolviendo la integral interna del paréntesis

$$\iint (355914\,u + c_1)dudu$$

$$\int \left(\int 355914\,u + c_1 \right) dudu$$

$$\int (177957u^2 + c_1 + c_2)\,du$$

$$V = 59319\,u^3 + c_1 + c_2 + c_3$$

Finalmente

$$y = f(u) = 59319\,u^3$$

Esta función corresponde al volumen del hexaedro. A través del teorema (6.5) obtenemos una expresión idéntica de la arista al cubo. Sin embargo, esto puede aplicarse a una segunda derivada $f''(u)$ para encontrar su volumen o su valor numérico real. Este volumen es una función en una variable real, el cual, es útil para determinar el lado del cuerpo; y finalmente, el factor de la arista k como parámetro de consistencia del modelo $A(V)$.

b) El área total del cuerpo está representada por la arista. No obstante, es primordial conocer este valor para conocer el factor k.

$$59319 = a^3$$

Solucionando la expresión general del volumen de un hexaedro regular[8]

$$a = \sqrt[3]{59319}$$

$$a = 39\, u\, (unidades)$$

Como el factor de la arista no es conocido, y se sabe que debe ser múltiplo de tres para satisfacer al modelo $A(V)$. Entonces, el factor b seria conforme a la tabla 1 de la forma

$$3b = 39$$

$$b = 13$$

Por lo tanto

$$k = 39 - 13 = 26$$

Conociendo el área por la ecuación (6.4) y (6.12)

$$A_T = 6(39)^2 = 9126\, u^2$$

$$A(V) = \sqrt{(355914) \times 26} + \sqrt{(355914) \times 26} + \sqrt{(355914) \times 26}$$

$$A(V) = 9126\, u^2$$

---

[8] Para tener presente que $k < a$

36

Observación 6.6

En efecto, la aplicación del teorema (6.5) y el factor de la arista permiten obtener un área exacta del cuerpo. Esto corresponde a una aplicación más del TVNR, en este caso, a los fundamentos de la geometría del cubo mediante derivadas de orden superior. Cabe resaltar, que además de ser un caso particular se buscó proponer un nuevo parámetro para la validez de la función $A(V)$.

CAPITULO 7

ALGUNOS CASOS RELACIONADOS CON $P(A)$ Y SEMIAREAS (S_A) DE POLIGONOS REGULARES

El perímetro en términos del área es aplicable a diferentes figuras planas de la geometría plana. Sin embargo, lo que se conoce como $P(A)$ será aplicable a figuras como el rombo. A todo paralelogramo cuyos lados son de igual longitud se le conoce como rombo, es decir, un cuadrilátero de lados congruentes. En este capítulo se busca analizar la influencia de una función $P(A)$ en un rombo y su relación con el TVNR, por otro lado, se estudian las medidas de algunos polígonos regulares, tales como su área, perímetro y lado. Para los polígonos regulares se propone un nuevo termino. Este es conocido como las semiáreas (S_A), el cual es de gran utilidad para determinar las áreas de cualquier polígono.

Definición 7.1 *Un cuadrilátero con vértices ABCD y de lados congruentes se considera un rombo, tal como se evidencia en la figura 4.*

Fuente: Tomado de Blog de Matemáticas. Disponible en: http://expologmat.blogspot.com/2016/08/1.html

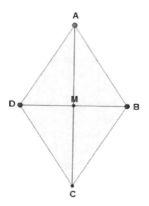

Fig.4. *Rombo o cuadrilátero ABCD*

Definición 7.1.2 *Para el rombo de la figura 4 su área esta denotada por el producto de sus diagonales. Tomando el $\triangle\, DMA$ se tiene*

$Interno\ mayor = \overline{MA}\ \ (D_2)$

$Interno\ menor = \overline{DM}\ \ (D_1)$

Por lo tanto, los segmentos $\overline{MA}$ y $\overline{DM}$ pueden escribirse como

$$A = \frac{\overline{MA} \times \overline{DM}}{2} \qquad (7.1)$$

Al ser un paralelogramo de lados iguales, su perímetro puede expresarse como

$$P = 4L \qquad (7.2)$$

Los lados de la figura 4 pueden determinarse mediante el teorema de Pitágoras[9]. Por lo tanto, los lados del triangulo DMA son

$$L^2 = \overline{DM}^2 + \overline{MA}^2$$

$$L = \sqrt{\overline{DM}^2 + \overline{MA}^2} \qquad (7.3)$$

Luego la hipotenusa corresponde al segmento de línea recta $\overline{DA}$. Al ser un cuadrilátero todos los triángulos internos presentan las mismas dimensiones. La ecuación (7.3) representa los lados del cuadrilátero a través del teorema de Pitágoras. En este caso no se hace necesario tener en cuenta el ángulo entres sus diagonales para hallar los lados, ya que, el grado de inclinación no está sujeto a los modelos a emplear.

Teorema 7.2 *Sea un rombo con vértices ABCD cuyas diagonales son D_1 y D_2, entonces, la función $P(A)$ se expresa como*

$$P(A) = \frac{D_1 D_2}{A} \times 2L \qquad (7.4)$$

Así que $2L = S_p(L)$ correspondiente al semiperimetro en términos del lado

$$\therefore P(A) \in \mathbb{N}$$

Prueba 7.2.1 *Teniendo presente las expresiones (7.1) y (7.2) del área y perímetro del cuadrilátero, podemos afirmar:*

$$P = 4L = 2 \times 2L \qquad (7.5)$$

De la ecuación (7.1) despejamos la parte numérica

---

[9] Pitágoras (572 a.C-497 a.C) filósofo y matemático griego.

$$2 = \frac{D_1 D_2}{A} \qquad (7.5a)$$

En efecto, por nomenclatura del semiperímetro la ecuación $(7.5a)$ puede denotarse como

$$S_p(A) = \frac{D_1 D_2}{A} \qquad (7.5b)$$

La ecuación $(7.5b)$ teóricamente indica el semiperímetro a partir del área. Ahora, sustituyendo $(7.5a)$ en (7.5)

$$\blacksquare P = \frac{D_1 D_2}{A} \times 2L$$

Finalmente se obtiene el perímetro en función al área del rombo. A esta función se le conoce como $P(A)$.

Ejemplo 7.3 *Un rombo presenta diagonales de* 15 u *y* 21 u. *Calcular el perímetro en términos del área empleando el teorema 7.2*

Solución 7.3

En primer lugar, haremos uso de la ecuación (7.1) para obtener el área de la figura. No obstante, es recomendable analizar el problema por más sencillo que parezca y hacerse un bosquejo de la figura.

$$D_1 = 15\, u$$

$$D_2 = 21\, u$$

$$A = \frac{15 \times 21}{2} = 157{,}5\, u^2$$

A través del teorema de Pitágoras tenemos el lado del cuadrilátero

$$L = \sqrt{15^2 + 21^2} = 3\sqrt{74}$$

$$L = 25{,}80\, u$$

Así que el perímetro de la figura seria

$$P = 4(25{,}80) = 103{,}22\,u$$

Finalmente, determinamos el perímetro en función al área $P(A)$ por medio de la ecuación (7.4)

$$P(A) = S_p(A) \times S_p(L)$$

$$P(A) = \frac{D_1 D_2}{A} \times 2L$$

Por lo tanto

$$P(A) = \frac{15 \times 21\,u^2}{157{,}5\,u^2} \times 2(25{,}80\,u)$$

$$P(A) = 2 \times 51{,}6\,u$$

$$P(A) = 103{,}2\,u$$

En conclusión, se ha propuesto un modelo para la determinación del perímetro de un rombo (Teorema 7.2). Por los momentos no se ha empleado el TVNR en este tipo de cuadriláteros. Pueden existir varios expresiones de $P(A)$ para varias figuras planas, no obstante, para nuestro caso empleamos el rombo como figura principal, en la cual, se estudian algunas medidas en términos de otras. Tales como área y perímetro como funciones no derivables.

7.4 LA EXPRESION $P(A)$ COMO UNA FUNCION DERIVABLE EN UNA VARIABLE REAL

En los capítulos anteriores se han trabajado funciones de la forma $y = f(u)$ las cuales son derivables si son continuas, tal que $u \in \mathbb{R}$ o $u \in \mathbb{N}$ para cuerpos geométricos. El principal objetivo de esta sección es proponer una función derivable para un rombo, sin embargo, para los casos anteriores las funciones derivables aplicaban a cuadrados (áreas) y hexaedros (volúmenes). Al interpretar el área de un rombo como una función derivable los resultados no serían correctos, es decir, al determinar su segunda derivada $y = f''(u)$ el valor numérico real no satisface la función $P(A)$. Ahora bien, ¿tenemos algún modelo $P(A)$ en derivadas de orden superior para el rombo? En los casos anteriores el modelo o función $P(A)$ era consistente para un cuadrado, donde se obtenía una medida de los lados de forma exacta.

Sin embargo, en el capítulo 3 (*estimación del perímetro en función al área $P(A)_R$ para un rectángulo*) empleábamos la función $P(A)$ del cuadrado para un rectángulo. En

41

aquel punto se buscó realizar unas comparaciones del perímetro utilizando el teorema 2.2 (*Ver ejemplo 3.3*), donde se puedo concluir que $P(A)$ para un cuadrado es una aproximación del rectángulo. Este modelo implica la congruencia de los lados del cuadrado mediante las derivadas.

A continuación, examinaremos unas aplicaciones sencillas del rombo y su relación con el TVNR. Es recomendable tener presente las principales fórmulas que rigen al rombo, tales como el área, lados y perímetro.

Corolario 7.5 *Para un rombo con vértices ABCD cuyas diagonales son* D_1 *y* D_2, *su valor numérico para* $P(A)$ *viene dado por:*

$$A = L^2 \qquad (7.6)$$

Por lo tanto, la expresión (7.6) es interpretada como el *área del cuadrado en el rombo* de la forma

$$y = f(u)$$

$$f(u) = \frac{dy}{du} = \frac{d^2y}{du^2} \qquad (7.6b)$$

$\because L^2 satisface\ P(A)$

Ejemplo 7.5.1 *Las diagonales de un rombo presentan una longitud de* 37 u *y* 40 u. *A partir de la información determinar:*

  a) El perímetro en términos del área $P(A)$ *mediante el teorema* 7.2
  b) El perímetro como función del TVNR (Corolario 7.5)

Solución 7.5.1

  a) En primer lugar, se debe calcular el lado mediante el teorema de Pitágoras, de la forma

$$L^2 = D_1{}^2 + D_2{}^2$$

$$L = \sqrt{37^2 + 40^2} = 58,48\ u$$

Luego el área

$$A = \frac{37 \times 40}{2} = 740 \, u^2$$

$$\therefore P(A) = \frac{37 \, u \times 40 \, u}{740 \, u^2} \times 2(58{,}48 \, u)$$

$$P(A) = 233{,}92 \, u$$

Ahora, comprobando el perímetro de la manera convencional se tiene

$$P = 4 \times 58{,}48 \, u$$

$$P = 233{,}92 \, u$$

b) Por los momentos no se ha propuesto un modelo matemático $P(A)$ para un rombo. Para ello, seguiremos el corolario 7.5; con el objetivo de interpretar el área de un cuadrado en el rombo.

Los lados del rombo son

$$L = \sqrt{37^2 + 40^2} = 58{,}48 \, u$$

De acuerdo al corolario 7.5

$$A = (58{,}48 \, u)^2$$

$$A = 3419{,}91 \, u^2$$

En efecto

$$y = f(u) = 3419{,}91 \, u^2$$

$$\frac{dy}{du} = 6839{,}82 \, u$$

$$\frac{d^2 y}{du^2} = 6839{,}82$$

A través del TVNR surge como consecuencia la expresión $(7.6b)$ donde

$$\frac{dy}{du} = \frac{d^2 y}{du^2}$$

$$6839,82 = 3419,91 \, u^2$$

$$u = 1,4142$$

Así que el valor numérico real para el rombo viene dado por

$$\frac{d^2y}{du^2} = 6839,82$$

Finalmente determinamos la función $P(A)$ para el rombo. Interpretando el área del cuadrado en el rombo.

$$P(A) = \sqrt{\left(\frac{dy}{du}\right) \times 2} + \sqrt{\left(\frac{d^2y}{du^2}\right) \times 2}$$

$$P(A) = \sqrt{6839,82 \times 2} + \sqrt{6839,82 \times 2}$$

$$P(A) = 233,91 \, u$$

Finalmente se determinaron las funciones $P(A)$ para el rombo. En el inciso b se comprueba la consistencia del corolario 7.5 para el rombo, interpretando una función área del cuadrado en el rombo. A continuación, analizaremos un ejemplo más sencillo de la función $P(A)$ en el rombo.

Ejemplo 7.5.2 *Un rombo presenta una longitud en sus diagonales de 15 cm y 8 cm. Sabiendo que su lado mide 17 cm, calcular:*

1) La función $P(A)$ interpretando el área de un cuadrado en el rombo.
2) Compruebe su perímetro con la formula convencional y con el teorema 7.2

Solución 7.5.2

1) Calculamos las medidas principales de la figura del problema

$$A = \frac{15 \times 8}{2} = 60 \, cm^2$$

Interpretando el área del cuadrado en el rombo, para obtener una función derivable en una variable real:

$$A = 17^2 = 289 \, cm^2$$

$$y = f(u) = 289\,u^2$$

Obteniendo su valor numérico real

$$\frac{dy}{du} = 578\,u$$

$$\frac{d^2y}{du^2} = 578$$

Determinando el perímetro del rombo

$$P(A) = \sqrt{578 \times 2} + \sqrt{578 \times 2}$$

$$P(A) = 68\,cm$$

2) Sabiendo que el lado de la figura corresponde a 17 cm, entonces, de la manera convencional tenemos

$$P = 4L$$

$$P = 4 \times 17cm = 68\,cm$$

Por lo tanto, empleando el teorema 7.2

$$P(A) = S_p(A) \times S_p(L) = \frac{D_1 D_2}{A} \times 2L$$

$$P(A) = \frac{15\,cm \times 8\,cm}{60\,cm^2} \times 34\,cm$$

$$P(A) = 68\,cm$$

7.6 AREAS DE POLIGONOS REGULARES A PARTIR DE SEMIAREAS (S_A)

Los polígonos son figuras geométricas planas limitadas por tres o más rectas. Por lo general, tienen mayor número de ángulos y vértices, las cuales están limitadas en un espacio. Existen fórmulas matemáticas para conocer el área de estas figuras, sin embargo, pueden obtenerse diferentes expresiones en función a diferentes elementos de la figura. En la presente sección se propone una nueva expresión conocida como las semiáreas (S_A). No obstante, se emplea el nuevo modelo para la determinación de áreas para cualquier polígono regular de n lados. Cabe resaltar que, el TVNR no se ve influenciado para esta sección. También, la función $P(A)$ vista anteriormente no satisface las medidas del perímetro en un polígono. Por lo general $P(A)$ satisface a ciertos cuadriláteros como cuadrado, rombo y una estimación para un rectángulo.

Definición 7.7 *Para un polígono regular de* n *lados y apotema* a, *entonces, su área viene representada por:*

$$A = \frac{P \times a}{2} \qquad (7.7)$$

Siendo

a un segmento de línea recta, desde el lado hasta el centro. Por otro lado, P corresponde al perímetro del polígono de la forma.

$$P = n \times L \qquad (7.8)$$

Ejemplo 7.7.1 *Un pentágono regular presenta un lado de* 7 cm *con una apotema de* 4 cm. *Determinar su área y perímetro.*

Solución 7.7.1

Sabiendo su perímetro mediante la expresión (7.8) se tiene

$$P = 5 \times 7 cm = 35 \ cm$$

Luego su área

$$A = \frac{35 \ cm \times 4 \ cm}{2} = 70 \ cm^2$$

El ejemplo anterior es una aplicación sencilla de las definiciones de las medidas básicas, es decir, las fórmulas que comúnmente se emplean. Ahora, analizaremos las semiáreas de los polígonos regulares mediante otras expresiones, las cuales, plantearemos de aquí en adelante.

Teorema 7.8 (Área a partir de semiáreas) *En todo polígono regular con* n *lados, el área mediante semiáreas* (S_A) *viene dado por*

$$S_{A1} = \frac{P \times a}{4} \qquad (7.9)$$

Luego

$$S_{A2} = \frac{Sp \times a}{2} \qquad (7.10)$$

Tal que

$$S_{A1} = S_{A2} \quad \wedge \quad S_{A1}, S_{A2} \in \mathbb{N} \qquad (7.10a)$$

Finalmente sumando las semiáreas (7.9) y (7.10)

$$A_T = \frac{P \times a}{4} + \frac{Sp \times a}{2} \qquad (7.11)$$

$$\blacksquare \; A_T = \frac{(2 \times P \times a) + (4 \times Sp \times a)}{8} \qquad (7.11a)$$

Donde A_T corresponde al área total, la variable Sp es el semiperímetro o $\frac{P}{2}$; y finalmente, el apotema a como segmento de línea recta desde un lado al centro.

Ejemplo 7.8.1 *Un hexágono regular[10] presenta una longitud en sus lados de* 8 *cm. Sabiendo que su apotema mide* 5 *cm, determinar:*

1) Su área mediante la expresión (7.7)
2) El área de la figura por medio las semiáreas (S_A)

Solución 7.8.1

1) Para la determinación de esta área es necesario conocer su perímetro, aplicando la expresión (7.7)

$$P = n \times L$$

$$P = 6 \times 8 \; cm = 48 \; cm$$

Así que el área correspondería

$$A = \frac{48 \times 5}{2} = 120 \; cm^2$$

---

[10] Dibujar un hexágono regular y adecuarlo al problema expuesto. Recordar que un hexágono presenta seis lados, cuyos lados son congruentes.

47

2) Primeramente, determinaremos S_{A1} y S_{A2} las cuales se conocen como semiáreas.

$$S_{A1} = \frac{48 \times 5}{4} = 60 \ cm^2$$

Luego Sp se encuentra definido como

$$Sp = \frac{48}{2} = 24 \ cm$$

$$S_{A2} = \frac{24 \times 5}{2} = 60 \ cm^2$$

No obstante, se comprueba la condición planteada en la expresión $(7.10a)$, tal que

$$S_{A1} = S_{A2}$$

$$60 \ cm^2 = 60 \ cm^2$$

Finalmente determinando el área del hexágono

$$A_T = \frac{(2 \times P \times a) + (4 \times Sp \times a)}{8}$$

Sustituyendo valores se obtiene

$$A_T = \frac{(2 \times 48 \times 5) + (4 \times 24 \times 5)}{8} = 120 \ cm^2$$

La expresión A_T involucra elementos como el perímetro, semiperímetro y el apotema para la estimación del área en cualquier polígono regular. El área a partir de semiáreas son una manera de ajustar otra perspectiva del área a cualquier polígono, no debe confundirse esta familia de figuras planas con las irregulares, ya que, estás presentan expresiones analíticas diferentes un poco diferentes en cuanto a su área.

BIBLIOGRAFIA

- Hernando L. Leal. Cálculo diferencial en una variable real, Universidad Popular del Cesar-UPC, 2008.

- J. Stewart. Calculus of one variable. Transcendent early, 7aEd. Mexico: CENGAGE Learning, 2012.

- Purcell, Edwin J.; Varberg, Dale; Rigdon, Steven E, cálculo. Pearson Educación, México, 2007. Disponible en: https://bibliotecavirtualmatematicasunicaes.files.wordpress.com/2011/11/cc3a 1lculo_edwin-purcell-9na-edicic3b3n.pdf

- THOMAS, George. Cálculo infinitesimal y Geometría Analítica. Aguilar S.A, Madrid. 1972

- TAKEUCHI, Yu. Cálculo diferencial. Universidad Nacional de Colombia. 1980

- STEIN, SHERMAN K. Cálculo y Geometría Analítica. Edit. McGraw Hill. México 1987

- SPIVAK, M. Calculus. Cálculo infinitesimal. Reverte, México. 1992

- LEITHOLD, Louis. El cálculo con Geometría Analítica. 7ª Edición. Grupo mexicano mapasa S.A de C.V. 1998

- APOSTOL, Tom. Calculus. Editorial Reverte S.A. España 1982